知味新疆
ZHIWEI XINJIANG

ZIRAN
YUNYU

自然孕育

本书编委会 编

新疆科学技术出版社

图书在版编目（CIP）数据

自然孕育 / 本书编委会编 .——乌鲁木齐：新疆科学
技术出版社 , 2022.5（知味新疆）

ISBN 978-7-5466-5195-8

Ⅰ . ①自… Ⅱ . ①本… Ⅲ . ①饮食—文化—新疆—普及
读物 Ⅳ . ① TS971.202.45-49

中国版本图书馆 CIP 数据核字 (2022) 第 114150 号

选题策划	唐 辉 张 莉
项目统筹	李 雯 白国玲
责任编辑	顾雅莉
责任校对	牛 兵
技术编辑	王 玺
设 计	赵雷勇 陈 上 邓伟民 杨筱童
制作加工	欧 东 谢佳文

出版发行	新疆科学技术出版社
地 址	乌鲁木齐市延安路 255 号
邮 编	830049
电 话	（0991）2870049 2888243 2866319（Fax）
经 销	新疆新华书店发行有限责任公司
制 版	乌鲁木齐形加意图文设计有限公司
印 刷	北京雅昌艺术印刷有限公司
开 本	787 毫米 ×1092 毫米 1 / 16
印 张	6.75
字 数	108 千字
版 次	2022 年 8 月第 1 版
印 次	2022 年 8 月第 1 次印刷
定 价	39.80 元

丛书编辑出版委员会

顾　　问　石永强　韩子勇

主　　任　李翠玲

副主任（执行）　唐　辉　孙　刚

编　　委　张　莉　郑金标　梅志俊　芦彬彬　董　刚

　　　　　刘雪明　李敬阳　李卫疆　郭宗进　周泰瑢

　　　　　孙小勇

作品指导　鞠　利

出品单位

新疆人民出版社（新疆少数民族出版基地）

新疆科学技术出版社

新疆雅辞文化发展有限公司

目 录

天山雪水滋润万物，

也孕育出独特的自然风味。

餐桌上的饕餮盛宴，

悄然开启……

山野精灵

羊肚菌

新疆的五月，天山北麓短暂的春天，姗姗来迟。绚丽的花朵，尽情绽放，泥土、才露芽尖儿的草木，都散发着鲜活的芬芳。

每一味原生食材，都是生命孕育的结果，是大自然的馈赠。

索性，拥抱一下大自然吧，用家的味道。

清晨，新疆木垒县。

五月，当第一株羊肚菌破土而出后，努来夫妇便迎来了
最考验眼力的季节。

夫妻俩早早地出门，他们要去采寻一种长得像羊肚的蘑
菇——"百菌之王"羊肚菌。

这里地处东天山，在松树和栎树自然混交的林中，遮荫且散射光线适宜，是最适合羊肚菌生长的环境。

羊肚菌的色泽总是能让它完美地融入周围的环境，没有足够的经验和耐心，很难有好的收获。他们要在松树下厚厚的针叶堆里，细心寻找。大半天下来，努来夫妇走了很长的山路。等回到家里，他们还需要及时清点一天的"战利品"。

羊肚菌保鲜极为困难，他们把大一些的羊肚菌挑出来晾干，等有人上门来收购的时候卖掉。一公斤干羊肚菌的价格，大多在千元左右。那些个头较小的，将成为今天餐桌上的亮点。

新鲜的羊肚菌，菇柄紧实，纹路层叠往复。质地疏松多皱的，最适合与肉类同炒。

切好的马肉、青椒丝下锅，在热油的作用下，散发出阵阵香味。翻炒至一定程度时，把羊肚菌放进去，立马就给这道家常的美食增添了丰富的口感。新出锅的油饼，酥香绵软，搭配上羊肚菌炒马肉，简单而不失风味。努来夫妇用这样的方式，犒赏辛苦了一天的自己。

舌尖上的滋味，也是生活的滋味。

当细腻温润的羊肚菌遇上筋韧爽口的冬马肉，这一盘香飘四溢的草原风味美食，就在这一荤一素间，将牧区人家的幸福生活展现得淋漓尽致。

舌尖上的滋味，
也是生活的滋味。

或许正是因为羊肚菌和马肉都是来自高山峻岭、来自茫茫草原、来自马背上驰骋的牧民，它们才具有了与生俱来的独特气质。略显粗犷，但滋味细腻；看似简单，却回味悠长。当这些元素神奇地组合在一起，便构成了独具木垒特色的醇香美味。

羊肚菌被公认为是珍稀食药兼用菌，声名远扬。

羊肚菌，因其菌盖表面凹凸不平、形如羊肚而得名。

在中国，食用羊肚菌的历史由来已久。中国道家文化经典《道藏》中记载，羊肚菌是道家养生用的一种珍稀菌类，被誉为"菌中之王"。据记载，一日明神宗朱翊钧不豫，食用羊肚菌后痊愈，自此以后羊肚菌逐渐成为皇家贡品及宴席中的优选食材。

牛肝菌

黑松露

羊肚菌

松茸菌

李时珍在《本草纲目》中记载："羊肚菌，性平，味甘，具有益肠胃、消化助食、化痰理气、补肾纳气、补脑提神之功效。"可见在中国历史上，羊肚菌不仅仅是皇家宴席的一道珍品，更是一味药材，其药用价值早已被人们发现并加以运用。

因羊肚菌的营养价值相当高，有些营养成分的含量甚至超过了冬虫夏草，故民间有"年年吃羊肚，八十照样满山走""闻得此菌香，三日不思肉滋味"的说法，足以证明其营养价值之高，而且几乎所有年龄段的人群都可以食用。

如今，羊肚菌不只是在中国备受推崇，还成为出口的高级食材，极受西欧国家欢迎。作为法国高档餐厅中不可或缺的食材，无论是在炖菜、酱汁还是浓汤里，这看似不起眼的菌菇，都有着点石成金的神奇能力，只要切一丁点儿放进去，味道立马就会丰富起来。

羊肚菌与松露的食用方式截然不同，不似松露需要小心翼翼地刨成极薄的片，或切成碎屑撒在菜品上，羊肚菌不管是切丁还是切片，还是整个儿吃，都是极好的。如果说松露如同即将奔赴战场的剑士，泼辣、冲鼻；那么羊肚菌则像是一位优雅华丽的贵妇，幽香、内敛，散发着诱人的成熟气息。

用"华贵"来形容羊肚菌，或许再适合不过了，用一句话可以概括为：生于自然，贵在文化。

靠山吃山，靠水吃水，一方水土养育一方人。

野生羊肚菌是春天最早出现的菌类，它完全依靠纯天然的条件，在没有人为干预的环境中自然长成。天山北麓的阳光、水分、土壤等元素组成了得天独厚的生长环境，充沛的雨水让羊肚菌迅速地萌发，每逢雨后初晴，在丛林中都能寻到羊肚菌的踪迹。

木垒县位于天山东段的北麓，湛蓝的天空下有苍翠的松柏，清澈的溪水旁有成群的牛羊。

靠山吃山，靠水吃水，一方水土养育一方人。峡谷草甸，放牧人家，让人如见陶渊明笔下的"采菊东篱下，悠然见南山"的景象。

生活在这里的哈萨克族牧民常年游牧，以草原为家，其民俗文化保存得非常完整，不仅创造出了独特的饮食文化，而且将之不断地发扬光大。他们的物质生活与精神世界，处处都展现出游牧生活的浓郁色彩，如同这里的自然生态环境一般，远离凡尘，悠然自得。

哈萨克族牧民早已学会了与大自然和谐相处。他们通过游牧的生活方式，自给自足，根据环境因地制宜、就地取材，食物大多以牛、马、羊、骆驼的肉和乳汁为主。

同时，他们也从自然环境中寻找最适宜的天然食材与各种肉类进行组合搭配，让更多具有食用价值、药用价值的天赐之物走进人们的生活，进入人们的食谱。

这些传承至今的美食，无不体现出祖祖辈辈的生活经验和劳动智慧。像努来夫妇通过爆炒方式制作出的羊肚菌炒马肉，就是将哈萨克族的民俗美食文化生动地呈现在我们面前。

这份返璞归真的极致味道，才是那些自然孕育、天然生长的美食的价值所在。

在两百六十公里外的乌鲁木齐，吴磊经营着一家饭馆，主打的野蘑菇汤饭中，也能发现羊肚菌的身影。

晾干的羊肚菌，最大程度地保存了菌菇天然的清香，是一种极具风味的食材。

制作
过程

把面片煮熟备好，在锅里用热水把羊肚菌断生。煮羊肚菌的原汤，作汤饭的底汤。在汤中加入土豆泥、面片和羊肚菌。羊肚菌的脆嫩和土豆泥的糯香，让这碗野蘑菇汤饭独具风味。

羊肚菌荤素皆宜，既可烧菜也可煲汤。不同于西式的羊肚菌浓汤料理，也有别于家常的羊肚菌炖煮，新疆特有的羊肚菌汤饭绝对称得上是一味褪去华丽之后，弥散着家乡味道和温暖记忆的人间烟火。

虽名曰"汤饭"，但是这道美食中却不含一粒米，而是一碗地地道道的新疆面食——揪片子。揪片子，因是将和好的面揪成大拇指大小的面片而得名。无论南疆北疆，不管城市乡村，一碗热气腾腾的揪片子汤饭，不仅暖心暖胃，也是记忆中最美的味道，是家的味道。

其实，新疆的揪片子汤饭起源于山西。据《乌鲁木齐文史资料》记载，清末有个名叫季登魁的山西人在乌鲁木齐开设了一处专供驼队住宿的骆驼场，客栈、饭馆一应俱全，名为"山西驼场"，经商的驼队都会在那里吃饭、住宿。随着络绎不绝的骆驼客的口耳相传，山西小揪片、刀削面等系列面食慢慢地流传开来。经过岁月变迁，山西驼场一带开始慢慢地建设改造，变成了如今的龙泉街；山西小揪片也逐渐融入新疆元素，变成如今家家户户都会制作的家常美食——揪片子汤饭。

新疆主要出产小麦，所以大多数新疆人以面食为主。为了能在单一的饭食中补充人体所必需的营养，人们会在羊肉汤底中加入最常见的胡萝卜、土豆、青菜、西红柿等配菜，通过蔬菜、肉类与面食搭配，满足人们对维生素、粗纤维、蛋白质等的需求。

随着生活水平的逐步提高，人们开始根据不同季节和人群的需要，做出不同口味的汤饭。春夏季主要配菜多是玉米、豆类等清淡口味的；秋冬季则加入肉块、排骨、红枣、枸杞等适宜进补的配菜；也会根据老人孩子所需，将揪片子的形状改成"炮仗子"（新疆方言，指将面搓成棍，一节一节的）、面旗子等。人们还会根据天气、季节的变化适当地加入黑胡椒，天冷的时候暖胃驱寒，天热的时候消暑清口。而如今，随着人们对美食和健康的不断追求，汤饭也开始更加注重营养搭配，与更多种类的食材进行融合、创新。

忆苦思甜也好，回味童年也罢，也许最令人回味的依旧是家的味道。

吴磊在制作羊肚菌汤饭时，使用的是晾干的羊肚菌，其
味道更加醇厚。泡发羊肚菌很有技巧，要用四五十度的水。
这种温度的水既能保证让羊肚菌的香味发散出来，还不
会破坏它的口感。水的量也要适度，以刚刚浸没羊肚菌
为宜，二三十分钟后，当水变成酒红色，羊肚菌完全变
软即可捞出洗净备用。酒红色的原汤经过沉淀后，可用
于烧菜，这是羊肚菌味道和养分的精华所在。只要用上
发菌的原汤，任何家常方法均可烧出美味的菜肴。

作为吴磊家的招牌特色美食，羊肚菌汤饭在大盘大碗的
方寸之间，彰显着新疆人的热情。

一碗好吃的汤饭，首先要汤好。羊肉经过文火慢慢炖煮
后，肉汤味美浓鲜，带着几许香甜，此时将羊肚菌下入
继续炖煮，让菌的清香完美释放。这绝对是美味的精华
所在。其次就是"饭"好。而所谓的"饭"则是用新疆
本地产的面粉制作，揉得通透，"醒"得彻底，久煮不烂。
经由汤汁润泽的面片，入口筋道软滑、羊肚菌鲜嫩耐嚼，
既鲜又爽。呷一口营养十足、醇香的鲜汤，让美味从口
腔延伸至胃中温暖回旋。那种暖暖的小幸福，能让人感
受到生活的美好。

为什么有些人会对这一枚枚小小的羊肚菌有着一种特殊的情感？或许是有些人家祖祖辈辈都在采摘这种野味，不纯粹是为了赚钱，而是为了保存父辈留下来的念想，是一种情感的表达；或许是有些人家传承着父辈的烹饪技艺和饮食习惯，让家的味道能一直留在自己的身边，是一种情感的寄托。

人生的味道，离不开油盐酱醋糖，人生的酸甜苦辣咸往往可以浓缩成一盘菜、一碗饭、一勺汤，或是一种食材。

来一场与这个小小的山野精灵的约会吧，在最平凡的点滴生活里。

绝味辛香

椒 蒿

每一种食物的独特味道都值得细细品味，走进厨房，走向餐桌之前，先让我们回归天地间，看看大自然带给我们的珍贵馈赠。

五月的巴里坤，山坡上生长着一种特别的植物——龙蒿。龙蒿，又名椒蒿，是一种有着天然辛香的食材。传说神龙受伤后龙血滴落山间，龙血的精华便化为龙蒿。

在新疆，野生椒蒿多生长在海拔 1500 米至 2000 米的沙壤地带。

牛建亮家里今天要包饺子，他决定上山采摘椒蒿。刚刚经历漫长的冬天，人们需要一点绿色来抚慰心情。此时的椒蒿，新发的嫩芽颜色鲜翠，用来和馅儿再好不过。

椒蒿馅儿的饺子口感鲜美，而且可以很好地中和油腻，是春天里当地人餐桌上独特的"野味"。只有亲近自然的人，才有这样的口福。

牛建亮采摘椒蒿时格外仔细，只选根茎较嫩、叶子翠绿的。剁好的肉，拌入切碎的椒蒿，熟练地拌馅儿，夫妻两人一起忙碌着。

采摘

挑选

冲洗

做馅

饺子很快包好下锅。热腾腾的椒蒿饺子，皮薄馅大，特别是椒蒿芽尖的那股独特的药香，萦绕在鼻间，回味在舌尖，让饺子的味道变得独特而富有层次。

椒蒿入口的奇异之香，比薄荷多了一分热烈。这就是椒蒿的味道，是巴里坤春天的滋味。

制作
过程

椒蒿，短株大约 50 厘米长，长株可长至 150 厘米。细长的柳叶形叶片饱含水分，青翠娇艳，煞是可爱。因含有草蒿脑、茴香醛、丁香酚等挥发性的芳香物质，椒蒿闻起来有点像花椒的味道，还有类似茴香和薄荷的味道。

对于这道独特的野味，人们的态度非常有趣，似乎有两个极端：有的人觉得其味道古怪，难以下咽，果断避而远之，一口不沾；有的人则觉得其提神醒胃让人钟爱至极，欲罢不能。

椒蒿属于多年生草本植物，生命力异常顽强，河边、路边、草地、山坡，都是它们生长的乐土。巴里坤全县平均海拔 1650 米，谷雨过后，放眼望去到处都是绿色，树林、田野之间充满了盎然生机。广阔无垠的草原上，牧草连绵，野花盛开，就在草色青青的山间草场，循着一股浓烈的幽香气息，便可寻见鲜嫩欲滴的椒蒿。放眼全疆，巴里坤的椒蒿量大、味鲜，最为出名。

人们在毫不损伤根系的情况下，只掐取顶端的鲜嫩枝叶食用，过不了几天，椒蒿就会恢复它原本的样貌。这种附着于贫瘠土壤上的植物，不像野韭菜般簇拥在一起，而是植株相互保持着距离，恣意蔓延，肆意而生，随处可见一簇簇秀长的身姿迎风而动。

但是，椒蒿也有时令限制。有句顺口溜说："五月的艾，六月的蒿，七月八月当柴烧。" 意思就是五六月份的椒蒿最为鲜嫩，味道也最美；到了七八月份的时候，椒蒿就会长老，只能当柴火烧了。

为了保存椒蒿，延长可食用的时间，人们通常选择腌制、干制、冷冻三种方法来处理椒蒿。腌制椒蒿时，会加入一定比例的盐，虽然腌制需半个多月之久，但腌制好的椒蒿可以随时食用。干制需要的周期则较短，只需将椒蒿煮熟，完全晒干，食用时用温水泡开即可。冷冻则是将椒蒿烫熟后，放进冰箱，这样全年就都能吃到这一鲜味。

广阔无垠的草原上，牧草连绵，野花盛开，就在草色青青的山间草场，循着一股浓烈的幽香气息，便可寻见鲜嫩欲滴的椒蒿。

在巴里坤当地人的口中，椒蒿也被誉为"森林蔬菜"，从餐桌上就能看出当地人对它的钟爱。他们最喜欢的做法就是将椒蒿的嫩茎叶用开水微微一焯，以油泼辣子、陈醋、食盐、白糖和香油进行调味，这样，一盘碧绿、艳红、爽口的美味就做成了，看着就能让人口舌生津。除了凉拌之外，他们还会制作椒蒿炒鸡蛋、椒蒿炒羊肉、椒蒿炒土豆丝等美食。

当然，最为讲究的吃法，一定是中国人最传统的美食——饺子。

饺子，素洁的外皮下，藏着万般的滋味。它不单单是一种美食，也是中国人对家的情怀。对于许多北方人来说，逢年过节的餐桌上最少不了的就是一盘香喷喷、冒着热气，象征着团圆和幸福的饺子了。

随着生活水平的提高，食材的种类越来越丰富，饺子的种类也越来越多，一家一味。就像牛建亮夫妇正在制作的地地道道的椒蒿羊肉饺子一样，包裹着的不仅有生活的甜蜜，也有家的温馨。品上一口这幸福的滋味，在特别的辛辣中，奇异的清香久久不散，满口余香。

有时，尽管椒蒿只是作为配角，但它的出挑绝对让人无法忽视。椒蒿因麻烈的特性，跻身世界十大名贵香料行列。巴里坤当地的主妇在炒菜时，也有用椒蒿代替花椒的习惯；或者在起锅时抓一把椒蒿，当香菜使用，让饭菜更加有滋有味。巴里坤的男人在酒后，也都喜欢来一碗解酒舒胃的椒蒿汤饭。就连小孩子们泡方便面，也喜欢加几片椒蒿，用它提味儿。很多食材与肉类都是天然的搭档，椒蒿也不例外。在烤牛羊肉时，如果没有孜然，来一把椒蒿粉也是极好的。炖肉汤时加入一些椒蒿，不仅能解腻，还能让汤汁呈现出别样的风味。

在巴里坤，椒蒿不仅被称为"新疆芥末""森林蔬菜"，更被誉为"草原珍宝"。因为椒蒿还是一味中药，其味辛、苦，性温，能解暑顺气、祛风除湿、活血止痛、解毒利尿，还有可增加食欲，刺激肠胃，促进消化。据说巴里坤的人们外出时，总会包一些干椒蒿随身携带，替代茶叶泡水饮用；或在炖汤时放一些进去，饭食马上就有了家的味道。

乡愁，有时候就是舌尖上的那一缕滋味。

与中式传统的椒蒿泡水直饮不同，欧洲人更喜欢将椒蒿制成芳香茶。经过一段时间的发展，芳香茶逐渐发展成为一种颇具情趣的休闲饮品，很快在欧洲风靡，继而传入美国、日本等国。

在西方，椒蒿绝不是无名之辈。它以龙为名，英文原意为"小龙"，在法国被称为"龙草"。椒蒿的拉丁文名称来源于执掌狩猎和生育的女神阿尔忒弥斯。作为奥林匹斯十二主神之一，她崇尚自由独立，热爱狩猎，是一名娴熟的弓箭手。千百年来，西方关于椒蒿的说法有很多，无论真实与否，都说明了椒蒿的"美"早已被世人所发现、认可。

从 16 世纪开始，椒蒿开始进入传统法式烹饪行列，成为西餐中必不可少的调料，甚至被誉为"香草之王"。法国是十分讲究调料运用的国度，人们会趁着椒蒿未开花时，把绿叶和幼嫩的顶端部分割下，放置在阴凉处阴干。阴干后的叶片大多用于腌制红肉类、禽类、鱼类、海鲜类食物。将干叶磨成细粉，直接撒入由胡萝卜、香菇、花椰菜、芹菜、豌豆、青豆、洋葱、番茄等拌成的法式沙拉中。碎干叶则会加入清汤、馅料或炒蛋中，别具风味。而从椒蒿中提取的龙蒿油，人们会用其制作腌菜、肉糜，是有名的食品增香剂；在法国甜酒和一些糖果、饮料中，也会添加一些龙蒿油用来增香。

另外值得一提的是，还有人用椒蒿制作香水。可以说，人们已经开发出了椒蒿许许多多的用处。

在伊犁察布查尔锡伯自治县，人们也习惯于将椒蒿当作食材。李德强在察布查尔开了一家专做锡伯族美食的农家乐，招牌菜是极为有名的"锡味鱼"，也就是椒蒿鱼。

将新鲜的鲤鱼切段，加佐料腌制一段时间，在热油里煎至两面金黄，然后加入红辣椒皮和阴干的椒蒿一同炖煮。

鱼肉和椒蒿在汤锅里融合，形成独特的风味。新鲜的韭菜切碎，热油烫过，淋在做好的鱼上。鲤鱼的腥味，被椒蒿和韭菜完全压制。

当鲜嫩的鱼肉与辛香的椒蒿邂逅，鱼肉鲜嫩肥美，鱼汤回味绵长。这就是李德强制作出的锡伯族传统、正宗"家肴"——椒蒿炖鱼。这道承载着悠远历史文化的传家之味，遥遥地指向了祖国的东北版图。

锡伯族先民最早生活于大兴安岭、呼伦贝尔和松花江流域，丰富的野生动物和水产资源，为他们提供了极为便利的渔猎条件，"棒打獐子瓢舀鱼，野鸡落在砂锅里"就是当时的生活写照。在那段与世无争的岁月中，锡伯族人的主食就是鱼肉，炖、烤、腌、晒，再佐以周边野生食材调味享用，无拘无束，简单快乐。

然而，历史的车轮滚滚向前，美好的时光也在岁月轮回中飞转流逝。乾隆二十九年（公元1764年）农历四月十八日，披着清晨的浓雾，一千多名装束整齐的锡伯族官兵奉旨西迁。他们带着家眷，告别祖先，从沈阳锡伯家庙出发，前往新疆伊犁察布查尔定居。这一壮举被后世称为"大西迁"。

从东北到西北，锡伯族先民的生活环境发生了巨变，他们的生活方式从渔猎逐渐向农耕转变，但是渔猎遗风却流传了下来。锡伯族人开始在伊犁河畔撒网捕鱼，他们不但擅长渔猎，而且善用各类鱼肉制作美味佳肴。将捕获的鲜鱼开膛洗净，放入简易的器皿中，添上澄清的河水，再将河边生长着的清香的"布尔哈雪克"摘下与鱼一同炖煮，再在鱼汤里打入一点面糊，撒点韭菜花，出锅时味美无比，搭配上锡伯大饼，以佳酿助兴，山珍海味不过如此。

"布尔哈雪克"在锡伯语中是"柳叶草"或"鱼香草"的意思，其实，就是椒蒿。将鱼之鲜与椒蒿之香叠加，成就了椒蒿炖鱼这道锡伯族传统的特色美味。

锡伯族人特别偏爱这种"河水煮河鱼"的食法，认为家里做的不如河边煮的香，因此每当食鱼季节来临，便纷纷去河边吃鱼。他们认为在河边吃鱼喝汤，可以起到强身健体的作用，这逐渐演化成为一种风俗。此后，锡伯族人只要做鱼，就会放上一些椒蒿。在炖煮的过程中，椒蒿的特殊香味弥散开来，感觉他们好像离祖先、离故土都更近了一些。

关于新疆的椒蒿从何而来，一种说法是锡伯族先民在西迁时带来的。锡伯族人把根扎在了伊犁河边，也把椒蒿永远地留在了新疆。对于椒蒿，锡伯族人有一份特殊的情感。

伊犁的锡伯族诗人阿苏，有首吟咏椒蒿的诗《对一茎椒蒿的吟诵》：

当神秘的椒蒿悠然出现

并且靠近我

这时我发现

纤维里奔走日光的泪滴

一抹绿意在它的草叶上战栗

在词语和追忆之间

有一个短暂的静默

这是椒蒿在持续着永久的隐秘

我的血液里

肯定有一茎游动的椒蒿

它在命定的道路上

并不言说

现在的锡伯族人无论走到哪里，就算采摘、品尝不到新鲜的椒蒿嫩叶、嫩茎，也要让家乡人邮寄或捎带一些晒干的椒蒿，小心仔细地珍存着。只要做鱼，或炖或蒸或煮，就要放上一些，通过品尝这道思乡菜，让想念家的时间久一点，再久一点。

有人说，一个人的故乡就藏在胃里。锡伯族人用勤劳和智慧在生活的点滴间诠释着什么是传承和坚守，什么是天地与家国。遥想当年，诸多英烈魂归天山，经历过生死之战的将士们，从此守护着这一方疆土，曾经的家变成了远方，曾经的远方却成了他们永远的家……

不管是让巴里坤当地人心心念念的椒蒿饺子，还是让伊犁当地人念念不忘的椒蒿炖鱼，这每一口皆是对故乡浓浓的深情和眷恋。品其香，知其味。椒蒿，这种香草，与自然交好，被世人叫好。

灵香公主

薰衣草

彩蝶纷飞，蜜蜂起舞，一望无际的花海，恍若人间仙境。这里是世界三大薰衣草产地之一，中国薰衣草之乡——伊犁霍城。

自然孕育
ZIRAN YUNYU

五月末，霍城逐渐被紫色的花海覆盖。

清晨五点，芦草沟镇的薰衣草地，养蜂人胡跃进正在往一个铁皮炉子里加入木柴。他要制作简易的喷烟器，用来驱赶蜜蜂，为即将进行的打蜜做准备。

这个季节，养蜂人会非常忙碌，胡跃进和朋友胡小飞两个人忙不过来，只能把在昭苏养蜂的弟弟也叫来帮忙。

烟熏、开箱、刷蜂、抖脾、摇蜜、过滤，150箱的蜜，按这样的步骤打完，需要花费三个早晨的时间。

用馍馍蘸着蜂蜜吃，是胡跃进的习惯，这样可以品尝到蜂蜜的原香和原味。

在中国，只有天山北麓的伊犁，有条件实现薰衣草花蜜的量产。

近年来，霍城的旅游业越来越发达，越来越多的养蜂人也聚集到了这里，使得蜜蜂的数量成倍增加。但为了蜂蜜的品质和产量，一些养蜂人决定离开这里。

搬家前，养蜂人会聚在一起吃一顿"散伙饭"，然后大家帮助离开的养蜂人收拾物品，这几乎成了养蜂人之间的一个"行规"。

在温暖的情义里，有的人带着蜂箱，奔赴另一场花海的约会；有的人守在原地，期待未来的再相逢。

这里是薰衣草的故乡，空气、水源，甚至是土壤中都带着一丝丝甜意。微风袭来，薰衣草随着风轻轻摇荡。蜜蜂追逐着花海的波浪，盘旋于花丛间，俯首翘翅，飞舞停留，贪婪地吮吸着花蕊。蜜蜂仿佛成了花儿的恋人，每日的采蜜时刻，便是它们约会的时间。

花蜜被带回蜂巢后，经过蜜蜂的"酝酿"和蜂巢的"脱水"，最终变成了晶莹如玉、纯净如水的薰衣草花蜜。

蜜蜂所带来的甜蜜的礼物——蜂蜜，也是大自然给人类珍贵的馈赠。

也许除了蜜的甜蜜记忆，鲜有人能想起蜂带给我们的点点滴滴。蜜蜂是能生产食物的昆虫，在这个地球上，蜜蜂已经有一亿四千万年的历史了。蜜蜂所带来的甜蜜的礼物——蜂蜜，也是大自然给人类珍贵的馈赠。

有人曾经做过这样一个统计：一只蜜蜂酿造 1 公斤蜂蜜，需要在大约 100 万朵花上有选择地采集，其往返的路径长达 45 万公里，差不多可以绕赤道 11 圈。所以蜜蜂历来就是文人墨客歌咏的对象，亦是勤劳的代名词。养蜂人胡跃进懂得，对蜜蜂最好的疼爱，就是让它们栖居于最纯净的自然环境中，吸纳着源于自然的精华，汲取着天然的芳香。当然，蜜蜂也倾力履行着传递者的使命，帮助人们享受来自大自然的天然健康美食。

在中国人的观念里，蜂蜜是个好东西，有"大自然中最完美的营养食品"之美誉。蜂蜜，没有统一的颜色，没有统一的口感，也没有统一的香味，它只是一种统称，会根据蜜蜂采集的蜜源不同，在叫法上有所区别。南方常见的有龙眼蜜、荔枝蜜、枇杷蜜、鸭脚木蜜等，北方常见的有枣花蜜、槐花蜜、荆条蜜、百花蜜等。蜂蜜还可分为单花蜜和百花蜜，单花蜜往往是以一种蜜源为主，而百花蜜一般有三种以上的蜜源。蜜蜂从不同的蜜源中汲取植物精华，蜂蜜也就拥有不同的功效。

回望历史，中国从古代就开始了人工养蜂采蜜，《神农本草经》把蜂蜜列为有益于人体健康的上品食材；古希腊人认为蜂蜜是"天赐的礼物"；印度人认为蜂蜜可益寿延年……

蜂蜜很甜，能从嘴里甜进心里。甜，是人类最简单、最初始的味觉体验，作为早期人类唯一的甜食，蜂蜜能快速产生热量，补充体力。作为天然的甜味剂，蜂蜜和人工提炼的蔗糖不同，蜂蜜中的糖无须经过水解就可以被人体吸收。含入口中，用津液慢慢溶化下咽，口感清新柔滑。蜂蜜也可以用温水冲饮，但是水温以40摄氏度为宜，最高不超过60摄氏度，温度过高会破坏蜂蜜的营养成分。蜂蜜还可与其他饮品混合食用，比如在温牛奶中加入一满匙蜂蜜，混合着蜜香的牛奶会格外香甜。同样，绿豆粥、柠檬茶、柚子茶、果汁中加入蜂蜜也会非常可口。

无论烹饪菜肴还是制作甜点，在许多美食中都可以看到蜂蜜的身影，它也是其他糖类无法替代的。它非常适合和主食搭配食用，抹在面包上吃，或者拿馒头、油条、年糕蘸着吃，都能享受到那清甜爽口的滋味。它也适宜制作凉拌菜食用，蜜拌西红柿、蜜拌苦瓜、蜜拌莲藕或者蜜拌坚果等，都别具风味。它还适宜制作烧烤酱料，在烤肉串、烤鸡翅、烤玉米时刷上一层蜂蜜，色泽会更鲜亮，味道会更甜美丰富。它更适宜被当作原料使用，在月饼、蛋糕中直接加入蜂蜜，味道诱人又营养健康。

蜂蜜之所以用处多多，归根结底就在于它集多种矿物质、酶类和维生素等健康元素于一体，营养十分丰富，药用价值多元。除《神农本草经》外，汉代的《伤寒论》《金匮要略》等古籍对蜂蜜入药也进行过记载。晋代的《抱朴子》《蜜蜂赋》等古书甚至对蜂蜜的美容功效进行了记载。南北朝时期的《神农本草经集注》《名医别录》等典籍还详细介绍了蜂蜜的分类。隋唐时期的《药性论》《食疗本草》等医书更是记载了蜂蜜的功效。到了明代，《本草纲目》则对蜂蜜的营养价值、药用价值、养生价值进行了详解。

西方的蜂蜜文化也同样多姿多彩。牛奶加蜂蜜、蜂蜜配红茶深受德国人的喜欢；在法式薄煎饼上涂抹蜂蜜、在朗姆酒中加入蜂蜜是法国人的习惯；英国人、印度人、埃及人餐桌上的蜂蜜茶是不可缺少的饮品；用干果、蜂蜜制成的甜点是希腊人的最爱。

俄罗斯传统饮料格瓦斯，在传入新疆地区后，逐渐发展成为具有浓郁西域风情的民族文化饮品——新疆卡瓦斯。新疆卡瓦斯会加入蜂蜜和其他配方，因而具有更多不同的口感并受到越来越多人的喜爱。

细细品尝，慢慢回味，那是原野中的薰衣草给予我们的轻吻和甜蜜的回报。

在众多蜂蜜中，新疆人最为偏爱的就是质地晶莹、黏稠，口感甘甜、清冽的薰衣草花蜜了。这种花蜜，初尝似乎并不像是其他蜂蜜那般甜得醇厚，相比之下显得较为清淡，在几许甜蜜中夹杂着淡淡的薰衣草的香气。细细品尝，慢慢回味，那是原野中的薰衣草给予我们的轻吻和甜蜜的回报。

薰衣草花蜜非常难得，原因有三。第一，因为薰衣草有杀菌除虫、安神助眠的效果，蜜蜂一直闻着薰衣草的味道，容易被杀死。采蜜期间，蜂群死亡率过高，只能飞回半数左右。第二，适于蜂群采蜜的薰衣草花期较短，只有两三个月，这样就注定了薰衣草花蜜的产量较少。第三，除新疆以外的其他地方，自然条件不适合大面积种植薰衣草，自然无法产出薰衣草花蜜。凡此种种，薰衣草花蜜就变得珍贵稀有，被人们称为"蜜中贵族"。

薰衣草花蜜在未结晶时，质地黏稠呈有光泽的淡黄色，对着阳光看，十分通透，闻起来花香四溢，清爽宜人。在花蜜结晶后，呈乳黄色的油脂状或细颗粒状，花香渐浓，诱人味蕾。结晶是一种物理变化现象，所结的晶体是葡萄糖，不会影响花蜜的质量，成分和营养价值也不会发生变化或流失。

薰衣草花蜜的营养价值极高。其中，最具代表性的营养元素就是单糖和活性物质，单糖能为人体补充能量，而活性物质则有安神助眠、增强记忆、润肠通便、促进血液循环、扩充毛细血管抑制高血压、调节人体生理机能、增强免疫力等功效，适宜除婴幼儿外的所有人群食用。薰衣草花蜜比其他品种的蜂蜜含有更多的酪氨酸，这种氨基酸能调节情绪，加快新陈代谢，有益身心健康。

我们品尝到的这份快乐，正是来自一片纯净的蜜源地——伊犁霍城。

伊犁霍城，有河谷，有草原，有绵长的历史，也有诗意的浪漫。它与法国的普罗旺斯地处同一纬度带，气候条件和土壤条件相似，是亚洲最大的薰衣草香料基地。如果说法国的普罗旺斯是薰衣草在欧洲的故乡，那么伊犁的霍城则是薰衣草在亚洲的故乡。

六月，是霍城薰衣草花开的季节，艳而不骄的阳光，温柔如春，轻吻着这片紫色的花海。风吹浪起，一波才动万波起，裹挟着无边的浪漫，弥漫着袅袅的香气。薰衣草的香，不似玫瑰的浓香，浓到情深处，让人不能自拔；也不似茉莉的清香，清新到极致，让人如沐春风；亦不似兰花的幽香，若有若无，让人心生宁静。薰衣草的香，独特得难以言喻，似温和的药草香中带着一种淡淡的忧郁的气息，幽幽地穿过肺腑，弥漫在心底，久久不肯淡去。

每一株纤长的薰衣草枝杆，都亭亭玉立。几十朵紫色的小花聚于枝顶。小巧的五裂花瓣，在风中轻轻颤动着。那满眼炫目的紫，如丝如绸，恍若天织紫锦，飘落在霍城的山边。蓝天、白云映衬着芳香的紫色山谷，浪漫满天。

大自然本身就神秘而美丽，很多关于美、关于爱、关于幸福的传说都与之相关。花花草草一旦与爱情沾了边，便多了许多的柔情蜜意。在欧洲，薰衣草就被视为爱情的化身，象征着纯洁与天真。大量的爱情传说或民间习俗都涉及薰衣草，《薰衣草代表真爱》就是伊丽莎白时期最具代表性的抒情诗。当时恋人们将薰衣草送给对方，以表达爱意。薰衣草的花语是"等待爱情"，像一部名为《薰衣草》的电视剧中所演绎的那样，有情人虽历经磨难，终能执子之手。

薰衣草之所以吸引人，不仅仅是因为它有着"香水植物""灵香草""香草之后""百草之王""香料之王"等美誉，还因为它丰富的历史文化内涵。

薰衣草在民间又被称为"解忧草"，这个称呼源自两千多年前的解忧公主。汉武帝太初年间，朝廷为了延续与乌孙国之间的友好情谊，共同抵御匈奴，决定将解忧公主远嫁乌孙。相传，解忧公主来到乌孙后，发现这里土地肥沃、物产丰富，广袤无垠的大草原上长满了幽香美丽的紫色花草，她就喜欢上了这种花草，于是命人把它栽种在了自己的大帐两旁。

后来，解忧公主慢慢发现，这种花草能防蚊虫，就安排了医师研究花草的功用。从此，薰衣草被广泛地使用，当地百姓为了纪念解忧公主，就把这种香气馥郁的紫色花草叫作"解忧草"，又因经常用"解忧草"来熏衣物，人们也称其为"薰衣草"，很多人穿着薰衣草熏过的衣服，以致"满城流香"……解忧公主在西域生活了半个世纪之久，成就了乌孙的繁荣和平，为西域和西汉带来了长久的和睦。

如今，霍城依旧弥漫着薰衣草的芬芳，千古流传的故事依旧留香，让人念念不忘。植物是人与自然的纽带，善待植物，善待自然，也是善待我们自己。

大自然本身就神秘而美丽，很多关于美、关于爱、关于幸福的传说都与之相关。

盛世红颜

红花

一枚枚红黄色的花蕊，带着泥土的清香，荣曜春华。走近它们，生命仿佛都变得更加温暖美好。

塔城地区，一片红黄色的花海沿着巴尔鲁克山铺开——
无刺红花的采摘时节到了。

清晨，天刚微亮，裕民县的花农马素芳已经带着工人们
下地了。

摘红花很有讲究，当花瓣由黄变红的时候，就是最好的
采摘时机，工人们要赶在太阳把花瓣晒软之前，尽量多
摘一些。

裕民县的红花采摘季只有半个月，为了不错过花期，马素芳不仅亲自上阵，还从石河子雇来了熟练工。

采摘好的红花铺在门前晾晒，晒干后的红花是一种重要的中药材，会被药厂收购。

摘完红花后留下的红花籽，可以炼油，红花籽油中含有大量亚油酸，被称为"亚油酸之王"。

一天忙碌下来，马素芳决定用红花籽油红烧当地的巴什拜羊肉，来犒劳工人们。

巴什拜羊肉纹理细密，可以更多地吸收红花籽油的香味，如果再加入一些新鲜的红花炖煮，香味会更加浓郁、醇厚。

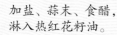

制作过程

红花苗洗净后用水焯过。

加盐、蒜末、食醋，淋入热红花籽油。

拌匀即可。凉拌红花苗吃起来满口清香。

丰收的前景，让马素芳心情很愉悦。她甚至准备了一般过节时才会做的一道菜——凉拌红花苗。红花苗生长一个月后大概会有十厘米高，洗净后用水焯过，加盐、蒜末、食醋和热红花籽油凉拌，吃起来满口清香。

一顿丰盛的晚餐，是对一天辛苦的最好安慰。美味总是会给人带来幸福的体验。

漫山遍野的灼灼芳华是大自然的馈赠，一根根气宇轩昂的花枝上绽放出一朵朵娇艳的红黄色花朵，带着丝丝的美丽，摇曳在微风中。它们一朵朵连成了片，一片片连接了天，这耀眼多姿的红色花海，就是红花的世界。一株株鲜活的生命，呼吸着旷野的空气，吸收着天山的雪水，汲取着土壤的养分，犹如一位位美丽女子，亭亭玉立于天地间。

人们说裕民县几乎浓缩了新疆所有美丽的景观，草原、雪山、松林、河谷、花海，如同丹青妙手绘制出的一幅巨大的水彩画，镶嵌在巴尔鲁克大地上。

裕民，以花海闻名天下，被誉为"花海之乡"。这里的各色花海不仅在漫山遍野中播撒着生机与浪漫，而且让空气里飘散着淡淡的幽香。裕民最有特色的花海，当属每年七月中旬盛放的红花花海了。当太阳的光线透过云层照射在万千花朵上，绚烂的花海如同一张大地毯铺满整个草原，与高耸入云的雪山、苍翠欲滴的青松、金黄灿灿的麦浪交相辉映。

红花，属菊科植物，花形似菊，初开花时为黄色，后面逐渐变成橘红色，待成熟时就变为色泽鲜艳的正红色。正如唐代李中笔下的《红花》所述："红花颜色掩千花，任是猩红血未加。" 意思是红花的颜色极正，赛过群花，连猩红的血液也不能超过它。因此，红花也成为中国古代一种极为珍贵的染料。《天工开物》中就曾提到了这项技术："若入染家用者，必以法成饼然后用，则黄汁净尽，而真红乃现也。" 随着人们对红花染制技术的掌握和应用日趋成熟，继而染出了莲红色、桃红色、银红色、水红色等多彩瑰丽的红色华裳。

自古以来，爱美之心，人皆有之，李白的诗句"云想衣裳花想容，春风拂槛露华浓"也许正是当时的女子对衣饰和容貌的理想追求。于是乎，红花成为美的代名词，画蛾弄妆、描红点唇，一个都不能少。在《本草纲目》中对红花的记载为："其花曝干，以染真红，又作胭脂。"《百草镜》则记载了用红花制作口脂（口红）的方法。可见，古时的红花用美征服了万千女性，陪伴着她们度过了光阴。

红花，不仅是美丽的代名词，更是有名的药用植物。关于红花最重要的药用功效，古籍中记载得十分详尽了。早在先秦时期，红花就被《山海经》当作药材加以记载。唐代的《新修本草》《开宝本草》都详细记载了红花有活血通瘀等功效，最常用于治疗妇科疾病。在宋代的《船窗夜话》中曾讲述了这样一则医话：一位姓徐的妇女，产后晕厥病危，家人急请名医陆严。陆大夫诊病后，叫病家赶快取药，用水煎煮，倒入桶中，让病人躺在桶上熏蒸。没过多久，病人手指微动，半日苏醒，众人称奇。陆严说："此汤是用红花煎煮，而红花是活血逐瘀的要药，所以取效神速……"此后，红花被人们誉为"救命之草"。到了明代，李时珍所著的《本草纲目》对红花的记载则更为全面。

凡膳皆药，寓医于食。

如今，女子已经无需用红花来装点美丽了，但是红花的
药用价值、养生价值一直被人们所珍视。除了红花茶、
红花酒、红花鳜鱼、红花蒸蛋、红花糯米粥、红花乌鸡
汤等传统养生膳食外，新疆南北疆地区也会根据当地的
饮食特点，在馕、汤饭、抓饭、烤鹅蛋等美味中加入红花，
或将红花制成红花酱佐餐。这些采用独特的烹饪技法和
现代科学方法制作而成的具有一定色、香、味、形的美味，
充分体现了中国传统的药膳文化。凡膳皆药，寓医于食。
药膳既将药物作为食物，又将食物药用，药借食力，食
助药威，二者相辅相成，相得益彰；既具有较高的营养
价值，又可防病治病、保健强身。

每一味药材，都是上天赋予的恩泽，能解世人之疾苦。红花作为药中珍品，带着大自然的灵性，挟着独特的芬芳，诉说着属于自己的故事。

相传在天女散花时，何仙姑向百花仙子讨要了两朵红花，一朵插在发间，一朵拿在手中。这时正好遇到了二郎神，二郎神顺手就拔走了何仙姑头上的红花，疾走如飞。何仙姑怎么追也追不上，一气之下就将手中的红花扔向凡间，落在了喜马拉雅山脚下，变成了藏红花。二郎神见何仙姑生气了，就将另一朵红花还给了何仙姑，何仙姑接过花后也愤愤地扔向了凡间，落在了天山脚下。由于这朵红花曾经插在何仙姑的头上，为头油所染，就变成带有油脂成分的红花了……

新疆红花

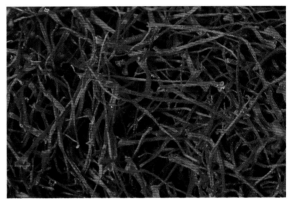

藏红花

同为中草药，藏红花与红花仅一字之差，常被误认为是红花的别名，也有人把西藏栽培的红花当作藏红花。其实，藏红花和红花是两种完全不同的草本植物，它们虽然在活血通络方面功能相似，但是在颜色、属性、功效、用量、价格等其他方面都存在着很大的差异。

红花的种植历史众说纷纭，目前，中国在红花种植技术上的研究处于世界领先地位，已经成为世界上种植红花的主产区，而新疆裕民县依托独特的地理环境成为中国红花的主产区。

裕民红花有一显著的特征——无刺。裕民的无刺红花喜光照，耐盐碱，抗旱能力和适应能力都很强，是一种油料、药用、饲料、天然色素、染料兼用的经济作物。一般而言，有刺红花与无刺红花只是在生长形态上有差别，但是这种差别直接导致了红花丝的采摘方式以及红花籽生长状态的不同。

有刺红花由于茎秆和叶片均长有刺，使得人工采摘花丝时较为困难，茎秆上的养分也会分流，导致红花籽品质不佳，营养成分大打折扣。而无刺红花的花丝方便采摘，红花籽独享茎秆养分，生长发育得以保证。因此，无刺红花籽的大小、饱满度、光泽度均优于有刺红花籽。

花朵上的红色外衣褪去，留下一颗颗果蕾，富含精油的红花籽就生长在其中。

红花最珍贵的东西除了花丝，就是花籽了。每当收获的季节来临，花朵上的红色外衣褪去，留下一颗颗果蕾，富含精油的红花籽就生长在其中。红花籽本身的出油率较低，通过冷榨的方式大约需要 80 万颗才能榨出一桶油，所以，红花籽油的产量有限，较为稀缺。

富含大自然精华的红花籽油色黄、味香、液清，滴滴珍贵，其主要成分为人体所必需，但又不能在体内自行合成的不饱和脂肪酸——亚油酸。它能有效溶解胆固醇，具有降血脂、清除血管内壁沉积物以及降血压等作用。据相关研究数据表明，红花籽油中的亚油酸含量高达83%，是已知食用油中亚油酸含量最高的。因此，红花籽油也享有"亚油酸之王""血管清道夫"等美誉。

俗话说"世间万物米称珍，厨中百味油为贵"，这句话充分说明了食用油的重要性。中餐的烹饪最不能离开的就是油，通过高温油脂的烹调，能够缩短食物的加工时间，改善色泽和风味，保持新鲜口感，提高营养价值。

从菜籽油、花生油发展到大豆油、玉米油，从棕榈油、核桃油发展到橄榄油、红花籽油等，不仅体现出了科技的进步，更反映出人们不断提升的生活品质。

对于食客而言，红花籽油只是诸多食用油中的一种，但是对于马素芳及万千花农来说，红花籽油代表着一种特别的情感，是一年辛劳的汗水，是一家生活的希望……正所谓一人一地，一家一味。舌尖上的情怀，吃的是食物，尝的是味道，品的是人生。在烹煮菜肴时，舀上一勺红花籽油打底，能在升腾起的油香中让食物沾满人间烟火气，多几许山间花草香。

无论是红花丝、红花苗，还是红花籽油，这拥有盛世红颜的美丽花朵绽放出了所有的热情，来回馈大自然给予的阳光雨露与花农们细心的呵护。

灵根仙果

枸杞

一片片翠绿的嫩枝叶，映衬着一颗颗红玉坠。红果与绿叶之美，既在灵秀之时，也在静止之间。今有枸杞，与君共品。

每年六月，当裕民县的红花采摘完毕，在"枸杞之乡"
博尔塔拉蒙古自治州的精河县，色泽鲜亮，像一粒粒红
宝石般的枸杞，就挂满了枝头。

一场可以预见的丰收季，即将到来。

枸杞，是一种多刺的茄科植物。优越的黄金纬度、优质
的弱碱性土地和纯净的天山冰雪融水，成就了精河枸杞
饱满的果形和厚实的果肉，这样的果实在晾晒成干之后，
仍然保持着亮红的色泽。

清晨，徐敬才带着工人们下地采摘枸杞。

采摘后的枸杞需晒两到三天，晒的时候要加入食用碱水，这样可以去掉枸杞果皮的蜡质层，缩短自然晾晒的时间。

精河当地人喜欢直接吃晒干后的枸杞，因为肉质厚，经过晾晒的干枸杞嚼劲十足。红色的干果在唇齿间被磨碎，随后清甜微苦、略带草药清香的味道便会充满整个口腔。

用枸杞入菜，最常见的就是枸杞炖鸡汤。这种汤浓而不腻、香而不腥，半透明的汤汁，回味时带着甜香，能起到养肝明目、健脾益气、补益五脏的作用。

枸杞与鸡肉产生的奇妙反应，是一种独特的味觉体验，让人仿佛重新认识了鸡汤。

枸杞与鸡肉产生的奇妙反应，是一种独特的味觉体验，让人仿佛重新认识了鸡汤。

"枸杞因吾有，鸡栖奈汝何。"这是杜甫眼中的枸杞。

"暖腹茱萸酒，空心枸杞羹。"这是寒山口中的枸杞。

"松根茯苓味绝珍，甑中枸杞香动人。"这是陆游诗中的枸杞。

"枸杞一丛浑落尽，只残红乳似樱桃。"这是杨万里笔下的枸杞。

"僧房药树依寒井，井有香泉树有灵。
翠黛叶生笼石磴，殷红子熟照铜瓶。
枝繁本是仙人杖，根老新成瑞犬形。
上品功能甘露味，还知一勺可延龄。"
这是唐代诗人刘禹锡笔下的枸杞。

古代的文人墨客似乎都对这一枚小小的养生果偏爱有加，他们不吝笔墨，赋诗作歌，将对枸杞的赞美融于字里行间，传承至今。

枸杞，极具神话色彩，在中华文明的历史长河中源远流长，闪耀着璀璨的光芒。最初人们在采食野果时，就发现了枸杞的神奇功效。枸杞的"杞"字，就是一个人跪倒膜拜枸杞树的象形文字。可见，崇尚枸杞，在文字诞生之初就已经存在了。当时，它的名字只有一个单字"杞"，先后出现在《周易》《诗经》《左传》《山海经》等文献中。秦汉时期，杞正式定名为枸杞。汉代的《名医别录》、唐代孙思邈的《千金方》两部医书都对枸杞的药用养生进行了记载。大唐盛世，枸杞也从荒野走入了百姓的田园门庭，成为民众口口相传的佳品、文人诗词咏唱的对象。

相传，唐代润州有个开元寺，寺里有口井，井旁长有一棵枸杞树，高一二丈，其根盘结粗壮。僧人们饮此井水，面色红润，年及八十，头不白齿不掉。后来人们得知，是因枸杞果成熟后常落入井中，僧人们日日饮枸杞水所致。而那棵枸杞树的由来则传说是和王母娘娘有关。话说有一天王母娘娘路过开元寺时，化作了拄着拐杖的老婆婆，庙里的僧人不但没有欺负她，反而给予她很多帮助。离别时，王母娘娘在井旁扔下了拐杖，拐杖落地化为枸杞树，给寺中僧人以福报。

随着时间的推移，枸杞的养生功效、药用功效逐渐被人们所熟知。宋代的《证类本草》、元代的《饮膳正要》、明代的《本草纲目》、清代的《本草备要》等著名医药典籍中都大量记载了枸杞养生治病的良方。其中，李时珍在《本草纲目》中记载有："枸杞子，补肾生精，养肝明目，安神，令人长寿。春采枸杞叶，名天精草；夏采花，名长生草；秋采子，名枸杞子；冬采根，名地骨皮。"倪朱谟在《本草汇言》中记载："枸杞使气可充、血可补、阳可生、阴可长、火可降、风可祛，有十全之妙用焉。"这两段文字对枸杞功效的记载最为全面。

在明代弘治十四年（公元 1501 年）成书的《弘治宁夏新志》中，枸杞被朝廷列为"国朝岁贡"。这颗小小的红色果实，在漫长的传统农耕历史中，完成了它的华丽蜕变，受到上至皇室贵族，下至黎民百姓的青睐。

中国是药用植物资源最丰富的国家之一，自古以来崇尚饮食养生。枸杞，作为古老而又神奇的一种药食同源的食物，以直接食用、入药、熬膏、煲汤、煮粥、泡茶、泡酒等方式用于日常养生，从古至今人们或口耳相传，或笺注典籍，皆将其作为养生精品，逐渐形成了特有的枸杞养生文化。

春季，万物复苏，人们可单独服用枸杞果粒，帮助阳气生发。夏季，人们总是渴望一壶甘凉的茶水消除暑热，这时可将枸杞与菊花搭配饮用，顿感清凉舒爽。秋季，空气干燥，这个季节吃枸杞需要搭配雪梨、百合等，滋润养身。冬季，枸杞最适宜煮粥、煲汤食用，进补养身，抵御寒冷。枸杞，就这样在漫长的岁月中滋养着人们。

在西方，枸杞也已经进入了寻常百姓家。枸杞之所以这么火，完全得益于国外将它定性为"具有保健作用的超级食品"，并给予它一个响亮的称呼"超级枸杞莓"。因为枸杞干看起来和蔓越莓干很相似，被视为最跟得上潮流的健康食品。人们还会将枸杞制作成枸杞酱，与面包、酸奶一同食用。

人们还将枸杞榨成汁，做成饮料，比如枸杞酸奶等。人们还将枸杞搭配在小点心上，甚至将蛋糕里的水果也换成枸杞。

伴随着春夏秋冬的四季轮回，枸杞树也年复一年地花开复花落，花落复花开。这一枝、一叶、一花、一籽，都让人们看到了它特有的价值。随着科学技术的进步，人们发现枸杞内含有丰富的枸杞多糖、类黄酮、β－胡萝卜素、甜菜碱、氨基酸、维生素、微量元素等营养成分。其中，枸杞多糖是人体免疫功能的天然增强剂；枸杞中维生素C 的含量比橙子高 500 倍，β－胡萝卜素的含量比胡萝卜高 30 倍，铁的含量比牛肉高 3 倍。大自然赋予了枸杞强大的免疫调节能力和激活修复细胞的能力，是目前已知的抗衰老、抗氧化食物之最。

枸杞树耐寒耐旱，生命力十分顽强，贫瘠土能生，盐碱地可活，黄沙滩更喜。田园能栽种，庭院可生长，盆中能存活。作为观果盆景，枸杞在秋冬季节有着长达半年的挂果期，绝对是冬日里的一抹惊喜。

那一片耀眼的中国红，也见证着枸杞之乡人民的幸福生活。

又是一年的盛夏，漫山遍野中，一棵棵枸杞树竞相伸展。它们汲取着大自然的养分，开出最鲜艳的花，结出最饱满的果，点缀于翠绿之间。一年中最好的枸杞，都集中在了六月这个时节，孕育了半年的营养，都在此时完美释放。如柳的蔓条上，成串的小红果如同晶莹的红玛瑙，又好似红色的小灯笼，火红一片，一片红火。

枸杞红遍的地方，就是赫赫有名的"中国枸杞之乡"——精河县。都说世界枸杞在中国，中国枸杞在新疆，新疆枸杞在精河。辽阔的纯净土壤、清冽的冰川雪水、超长的日照时间、较大的昼夜温差，使得这片沃野绿洲成为枸杞生长的绝佳地域。生长于这里的枸杞鲜果，玲珑剔透、娇艳欲滴、粒大饱满、皮薄肉厚、含糖丰富，以种植面积、产量、品质、出口量四个"第一"誉满全国。

从盛夏到深秋，枸杞红透了天山以北的精河县。百万亩的枸杞果园、家家户户的院落屋顶，到处都是红色的果实，让这里成为红色的海洋。那一片耀眼的中国红，也见证着枸杞之乡人民的幸福生活。

天山赐物，自然孕育。

原始的风味，萦绕在舌尖上，也封存在每个人的幸福记忆里。

羊肚菌、椒蒿、薰衣草、红花、枸杞……这些从大自然中孕育出的植物，可谓酸、咸、甘、辛、苦五味俱全，红、黄、青、紫、黑五色兼备。

它们沐浴着天之光，吸收着地之气。

吹山风，饮雨露，沐阳光，它们就那样自由自在地生于自然中，存于天地间，与山水为伴。

当一阵风吹来，一颗种子落地，就应和着季节自然而然地生长。

它们或是一株株，或是一片片，等待着慧眼识珠的人去发现，去采撷。

我们所爱的不仅仅是天赐之物，更多的是慷慨地孕育了它们的自然。